JN021404

π 算数検定

実用数学技能検定® 数検
過去問題集

THE MATHEMATICS CERTIFICATION INSTITUTE OF JAPAN
[THE 11th GRADE]

11級

公益財団法人 日本数学検定協会

まえがき

　このたびは，『実用数学技能検定　過去問題集　算数検定』（9～11級）を手に取っていただきありがとうございます。

　当協会の行う「実用数学技能検定」は，小学校で習う範囲のものを「算数検定」，中学校以上で習うものを「数学検定」と区分し，総称を「数検」として親しまれています。

　実用数学技能検定11級（小学校1年生程度）～9級（小学校3年生程度）で扱われる内容は，たとえば「数と計算」領域においては四則計算の基礎などが挙げられ，小学校4年生以降で扱われる学習内容を試行錯誤して取り組むために必要なものとなります。

　平成29（2017）年に告示された小学校学習指導要領では，その基本的なねらいとして，『子供たちが未来社会を切り拓くための資質・能力を一層確実に育成することを目指す』ことが記されています。そして，各教科を通じて，『(1)知識及び技能の習得，(2)思考力，判断力，表現力等の育成，(3)学びに向かう力，人間性等の涵養』の実現が謳われています。さらに，小学校の算数科では，数学的活動を通して『日常の事象を数理的に捉え，算数の問題を見いだし，問題を自立的，協働的に解決し，学習の過程を振り返り，概念を形成するなどの学習の充実を図る』ことが示されています。こうした観点からも幼少期における数学的活動の経験は，これからの課題を発見し解決していくために重要な要素であり，小学校1～3年生でのさまざまな成功体験が数学的な見方・考え方を働かせることにつながります。

　本書は，これまでに出題した検定問題を過去問題集としてまとめたものですが，無理のない範囲で取り組める内容であり，学びの成功体験が得やすくなっています。さらに，ご家庭での生活の中で算数を使う場面を与えることによって，学びに対する姿勢に変化が訪れ，物事を抽象的に捉えることやその内容を具体的な場面で活用することができるようになり，未来社会を切り拓くための資質・能力が育まれていくでしょう。

　算数検定へのチャレンジを通して，問題に対して前向きに取り組むお子さんを見守っていただくとともに，時には一緒に学び合う環境を作っていただければ幸いです。

公益財団法人　日本数学検定協会

目　次

別冊　各問題の解答と解説は別冊に掲載されています。
本体から取り外して使うこともできます。

検定概要

「実用数学技能検定」とは

「実用数学技能検定」（後援＝文部科学省。対象：1〜11級）は，数学・算数の実用的な技能（計算・作図・表現・測定・整理・統計・証明）を測る「記述式」の検定で，公益財団法人日本数学検定協会が実施している全国レベルの実力・絶対評価システムです。

検定階級

1級，準1級，2級，準2級，3級，4級，5級，6級，7級，8級，9級，10級，11級，かず・かたち検定のゴールドスター，シルバースターがあります。おもに，数学領域である1級から5級までを「数学検定」と呼び，算数領域である6級から11級，かず・かたち検定までを「算数検定」と呼びます。

1次：計算技能検定／2次：数理技能検定

数学検定（1〜5級）には，計算技能を測る「1次：計算技能検定」と数理応用技能を測る「2次：数理技能検定」があります。算数検定（6〜11級，かず・かたち検定）には，1次・2次の区分はありません。

「実用数学技能検定」の特長とメリット

① 「記述式」の検定

解答を記述することで，答えに至る過程や結果について理解しているかどうかをみることができます。

②学年をまたぐ幅広い出題範囲

準1級から10級までの出題範囲は，目安となる学年とその下の学年の2学年分または3学年分にわたります。1年前，2年前に学習した内容の理解についても確認することができます。

③取り組みがかたちになる

検定合格者には「合格証」を発行します。算数検定では，合格点に満たない場合でも，「未来期待証」を発行し，算数の学習への取り組みを証します。

合格証

未来期待証

受検方法

受検方法によって，検定日や検定料，受検できる階級や申込方法などが異なります。くわしくは公式サイトでご確認ください。

👤個人受検

日曜日に年3回実施する個人受検Ａ日程と，土曜日に実施する個人受検Ｂ日程があります。

個人受検Ｂ日程で実施する検定回や階級は，会場ごとに異なります。

👥団体受検

団体受検とは，学校や学習塾などで受検する方法です。団体が選択した検定日に実施されます。くわしくは学校や学習塾にお問い合わせください。

🗒検定日当日の持ち物

持ち物 階級	1〜5級		6〜8級	9〜11級	かず・かたち検定
	1次	2次			
受検証（写真貼付）※1	必須	必須	必須	必須	
鉛筆またはシャープペンシル（黒のHB・B・2B）	必須	必須	必須	必須	必須
消しゴム	必須	必須	必須	必須	必須
ものさし（定規）		必須	必須	必須	
コンパス		必須	必須		
分度器			必須		
電卓（算盤）※2		使用可			

※1　団体受検では受検証は発行・送付されません。

※2　使用できる電卓の種類　○一般的な電卓　○関数電卓　○グラフ電卓
通信機能や印刷機能をもつもの，携帯電話・スマートフォン・電子辞書・パソコンなどの電卓機能は使用できません。

階級の構成

	階級	構成	検定時間	出題数	合格基準	目安となる学年
数学検定	1級	1次：計算技能検定 2次：数理技能検定 があります。 はじめて受検するときは1次・2次両方を受検します。	1次：60分 2次：120分	1次：7問 2次：2題必須・5題より2題選択	1次：全問題の70%程度 2次：全問題の60%程度	大学程度・一般
数学検定	準1級					高校3年程度（数学Ⅲ・数学C程度）
数学検定	2級		1次：50分 2次：90分	1次：15問 2次：2題必須・5題より3題選択		高校2年程度（数学Ⅱ・数学B程度）
数学検定	準2級			1次：15問 2次：10問		高校1年程度（数学Ⅰ・数学A程度）
数学検定	3級		1次：50分 2次：60分	1次：30問 2次：20問		中学校3年程度
数学検定	4級					中学校2年程度
数学検定	5級					中学校1年程度
算数検定	6級	1次／2次の区分はありません。	50分	30問	全問題の70%程度	小学校6年程度
算数検定	7級					小学校5年程度
算数検定	8級					小学校4年程度
算数検定	9級		40分	20問		小学校3年程度
算数検定	10級					小学校2年程度
算数検定	11級					小学校1年程度
かず・かたち検定	ゴールドスター			15問	10問	幼児
かず・かたち検定	シルバースター					

11級の検定基準(抄)

検定の内容	技能の概要	目安と なる学年
個数や順番，整数の意味と表し方，整数のたし算・ひき算，長さ・広さ・水の量などの比較，時計の見方，身の回りにあるものの形とその構成，前後・左右などの位置の理解，個数を表す簡単なグラフ など	**身近な生活に役立つ基礎的な算数技能** ①画用紙などを合わせた枚数や残りの枚数を計算して求めることができる。 ②鉛筆などの長さを，他の基準となるものを用いて比較できる。 ③缶やボールなど身の回りにあるものの形の特徴をとらえて，分けることができる。	小学校 1年 程度

11級の検定内容の構造

小学校1年程度	特有 問題
90%	10%

※割合はおおよその目安です。
※検定内容の10%にあたる問題は，実用数学技能検定特有の問題です。

11級

算数検定

実用数学技能検定®

[文部科学省後援]

第1回　　　　　　　　　　〔検定時間〕40分

―――― 検定上の注意 ――――

1. 自分が受検する階級の問題用紙であるか確認してください。
2. 検定開始の合図があるまで問題用紙を開かないでください。
3. 解答用紙に名前・受検番号・生年月日を書いてください。
4. この表紙の右下のらんに，名前・受検番号を書いてください。
5. 答えはぜんぶ解答用紙に書いてください。
6. ものさしを使うことができます。電卓は使えません。
7. 携帯電話は電源を切り，検定中に使わないでください。
8. 検定が終わったら，この問題用紙を解答用紙といっしょに集めます。

下記の「個人情報の取扱い」についてご同意いただいたうえでご提出ください。

【このフォームでお預かりするすべての個人情報の取り扱いについて】

1. 事業者の名称　　公益財団法人日本数学検定協会
2. 個人情報保護管理者の職名，所属および連絡先
   管理者職名：個人情報保護管理者
   所属部署：事務局　事務局次長　　連絡先：03-5812-8340
3. 個人情報の利用目的　　受検者情報の管理，採点，本人確認のため。
4. 個人情報の第三者への提供　　団体窓口経由でお申し込みの場合は，検定結果を通知するために，申し込み情報，氏名，受検階級，成績を，Webでのお知らせまたはFAX，送付，電子メール添付などにより，お申し込みもとの団体様に提供します。
5. 個人情報取り扱いの委託　　前項利用目的の範囲に限って個人情報を外部に委託することがあります。
6. 個人情報の開示等の請求　　ご本人様はご自身の個人情報の開示等に関して，下記の当協会お問い合わせ窓口に申し出ることができます。その際，当協会はご本人様を確認させていただいたうえで，合理的な対応を期間内にいたします。

【問い合わせ窓口】

公益財団法人日本数学検定協会　検定問い合わせ係
〒110-0005 東京都台東区上野5-1-1 文昌堂ビル6階
TEL：03-5812-8340　電話問い合わせ時間 月〜金 9:30-17:00
（祝日・年末年始・当協会の休業日を除く）

7. 個人情報を提供されることの任意性について
   ご本人様が当協会に個人情報を提供されるかどうかは任意によるものです。ただし正しい情報をいただけない場合，適切な対応ができない場合があります。

名 前	
受検番号	―

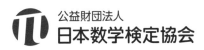

公益財団法人
日本数学検定協会

1 つぎの けいさんを しましょう。 (計算技能)

(1) 2＋4

(2) 5＋5

(3) 6－1

(4) 9－7

(5) 8＋6

(6) 13－8

(7) 80－60

(8) 57＋2

(9) 9＋1＋5

(10) 8－4－3

2 　下の　えを　見て，つぎの　もんだいに　こたえましょう。

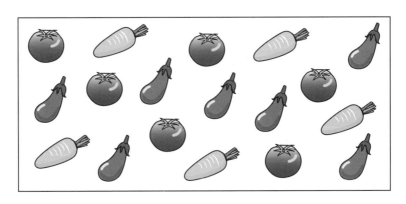

(11)　トマト の　かずと　にんじん　　　の

　　かずは，どちらが　すくないですか。

(12)　トマト　　，にんじん　　　，なす　　　の

　　うち，かずが　いちばん　おおい　ものは　どれですか。

3 つぎの もんだいに こたえましょう。

(13) 下の ⬚ の かたちと ┊┈┈┈┊ の 中の

かたちを くみあわせて， ⬚ の かたちを

つくります。どれを くみあわせれば よいですか。

あ， い， う の 中から 1つ えらびましょう。

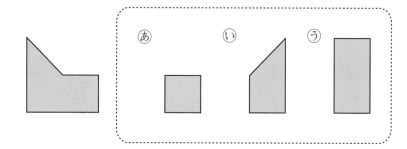

(14) 下の ⬚ の かたちと ┊┈┈┈┊ の 中の

かたちを くみあわせて， ⬚ の かたちを

つくります。どれを くみあわせれば よいですか。

か， き， く の 中から 1つ えらびましょう。

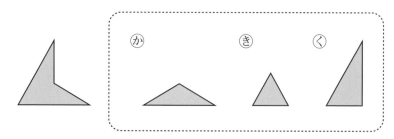

4 　さきえさんと　おねえさんは
たんじょう日が　おなじです。
さきえさんは，いま　7さいです。
おねえさんは，さきえさんより
5さい　年上です。つぎの
もんだいに　こたえましょう。

(15)　おねえさんは　いま　なんさいですか。

(16)　おねえさんが　18さいの　とき，さきえさんは
なんさいですか。

5 つぎの　もんだいに　こたえましょう。

(17) 下の　えは，たくやさん，ひろとさん，あつしさんの
3人が　学校に　ついた　ときの　とけいです。学校に
いちばん　はやく　ついたのは　だれですか。

たくやさん　　　　　ひろとさん　　　　　あつしさん

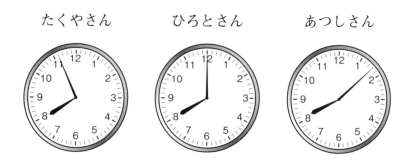

(18)　5じかんめが　おわったのは，2じ40ぷんでした。
かいとうようしの　とけいが　2じ40ぷんに
なるように　ながい　はりを　かきましょう。

6 　たけるさんの　おとうとが　カレンダーに　すみを
こぼして　しまいました。下の　えは　カレンダーの
いちぶです。つぎの　もんだいに　こたえましょう。
1しゅうかんは，7日です。　　　　　　　　　（整理技能）

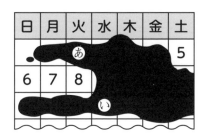

(19)　あに　あてはまる　かずを　こたえましょう。

(20)　いに　あてはまる　かずを　こたえましょう。

1	（1）	
	（2）	
	（3）	
	（4）	
	（5）	
	（6）	
	（7）	
	（8）	
	（9）	
	（10）	

●答えを直すときは、消しゴムできれいに消してください。
●答えは、解答用紙にはっきりと書いてください。

太わくの部分は必ず記入してください。

ここにバーコードシールを
はってください。

ふりがな			受検番号
姓	名		―
生年月日	大正 昭和 平成 西暦	年　月　日生	
性別（□をぬりつぶしてください）男□　女□	年齢　　歳		
住所	□□□-□□□□		/20

公益財団法人 日本数学検定協会

●この検定が実施された日時を書いてください。

日付 : （ ）年 （ ）月 （ ）日
時間 : （ ）時（ ）分 ～ （ ）時（ ）分

2	(11)	
	(12)	

3	(13)	
	(14)	

4	(15)	さい
	(16)	さい

5	(17)	さん
	(18)	

6	(19)	
	(20)	

●時間のある人はアンケートにご協力ください。あてはまるものの□をぬりつぶしてください。

算数・数学は得意ですか。
はい □　いいえ □

検定時間はどうでしたか。
短い □　よい □　長い □

問題の内容はどうでしたか。
難しい □　ふつう □　易しい □

おもしろかった問題は何番ですか。 [1]～[6]までの中から2つまで選び，ぬりつぶしてください。
[1]　[2]　[3]　[4]　[5]　[6]
（よい例 ■　悪い例 ☒ ）

監督官から「この検定問題は，本日開封されました」という宣言を聞きましたか。
（ はい □　いいえ □ ）

検定をしているとき，監督官はずっといましたか。
（ はい □　いいえ □ ）

17

Memo

11級

きゅう

算数検定

さんすうけんてい

実用数学技能検定®

[文部科学省後援]

第2回　　　　　　　　　　〔検定時間〕40分

―――― 検定上の注意 ――――

1. 自分が受検する階級の問題用紙であるか確認してください。
2. 検定開始の合図があるまで問題用紙を開かないでください。
3. 解答用紙に名前・受検番号・生年月日を書いてください。
4. この表紙の右下のらんに，名前・受検番号を書いてください。
5. 答えはぜんぶ解答用紙に書いてください。
6. ものさしを使うことができます。電卓は使えません。
7. 携帯電話は電源を切り，検定中に使わないでください。
8. 検定が終わったら，この問題用紙を解答用紙といっしょに集めます。

下記の「個人情報の取扱い」についてご同意いただいたうえでご提出ください。
【このフォームでお預かりするすべての個人情報の取り扱いについて】
1. 事業者の名称　　公益財団法人日本数学検定協会
2. 個人情報保護管理者の職名，所属および連絡先
　　管理者職名：個人情報保護管理者
　　所属部署：事務局　事務局次長　　連絡先：03-5812-8340
3. 個人情報の利用目的　　受検者情報の管理，採点，本人確認のため。
4. 個人情報の第三者への提供　　団体窓口経由でお申込みの場合は，検定結果を通知するために，申し込み情報，氏名，受検階級，成績を，Webでのお知らせまたはFAX，送付，電子メール添付などにより，お申し込みもとの団体様に提供します。
5. 個人情報取り扱いの委託　　前項利用目的の範囲に限って個人情報を外部に委託することがあります。
6. 個人情報の開示等の請求　　ご本人様はご自身の個人情報の開示等に関して，下記の当協会お問い合わせ窓口に申し出ることができます。その際，当協会はご本人様を確認させていただいたうえで，合理的な対応を期間内にいたします。
【問い合わせ窓口】
公益財団法人日本数学検定協会　検定問い合わせ係
〒110-0005 東京都台東区上野5-1-1 文昌堂ビル6階
TEL：03-5812-8340　電話問い合わせ時間 月～金 9:30-17:00
（祝日・年末年始・当協会の休業日を除く）
7. 個人情報を提供されることの任意性について
ご本人様が当協会に個人情報を提供されるかどうかは任意によるものです。ただし正しい情報をいただけない場合，適切な対応ができない場合があります。

名前	
受検番号	―

公益財団法人
日本数学検定協会

1 つぎの けいさんを しましょう。 （計算技能）

(1) 3 ＋ 5

(2) 2 ＋ 7

(3) 6 － 4

(4) 9 － 3

(5) 4 ＋ 8

(6) 15 － 7

(7) 10 ＋ 50

(8) 87 － 3

(9) 4 ＋ 6 － 2

(10) 2 ＋ 3 ＋ 5

2 つぎの もんだいに こたえましょう。

(11) どちらが おおいですか。 ⓐか ⓘで こたえましょう。

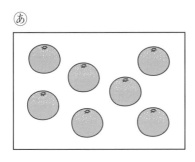

(12) 右（みぎ）の えの バナナ（ばなな）と
おなじ かずの ものは
どれですか。ⓚ, ⓚ, ⓒの
中（なか）から 1つ
えらびましょう。

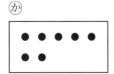
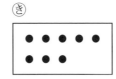
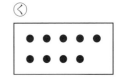

3 つぎの もんだいに こたえましょう。

(13) 下の ⬤ の かたちと ┊┈┈┈┊の 中の かたちを
くみあわせて， ⬤の かたちを つくります。
どちらと くみあわせれば よいですか。あか ⒤で
こたえましょう。

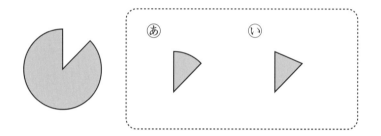

(14) 下の ⬡ の かたちと ┊┈┈┈┊の 中の かたちを
くみあわせて， △の かたちを つくります。
どちらと くみあわせれば よいですか。うか ⒠で
こたえましょう。

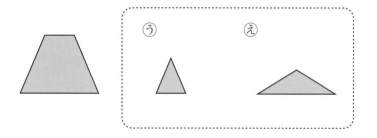

4 　あさがおの　たねが　いくつか　あります。
ゆうたさんは　12こ，　けんとさんは　6こ　もって
います。つぎの　もんだいに　こたえましょう。

(15)　ゆうたさんと　けんとさんが　もって　いる
あさがおの　たねは，あわせて　なんこですか。

(16)　ゆうたさんが　もって　いる　あさがおの　たねは，
けんとさんが　もって　いる　あさがおの　たねより
なんこ　おおいですか。しきと　こたえを　かきましょう。

（表現技能）

5 　下の　とけいは　なんじなんぷんですか。

(17)　　　　　　　　　　　　(18)

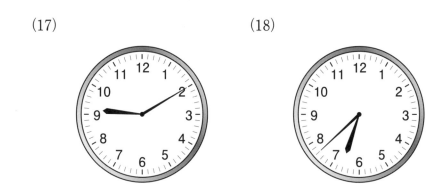

6 下の えのように, 7人の 男の子が 1れつに ならんで います。男の子と 男の子の あいだに 女の子が 1人ずつ 入りました。子どもは みんな おなじ ほうを むいて います。つぎの もんだいに こたえましょう。

(整理技能)

(19) 子どもは ぜんぶで なん人に なりましたか。

(20) まえから 5人めの 子どもより うしろに ならんで いる 女の子は なん人ですか。

1	（1）	
	（2）	
	（3）	
	（4）	
	（5）	
	（6）	
	（7）	
	（8）	
	（9）	
	（10）	

●答えを直すときは、消しゴムできれいに消してください。
●答えは、解答用紙にはっきりと書いてください。

太わくの部分は必ず記入してください。

ここにバーコードシールを
はってください。

ふりがな		受検番号
姓	名	―

生年月日	大正 昭和 平成 西暦	年 月 日生

性別（□をぬりつぶしてください） 男□ 女□		年齢 歳

住所 □□□-□□□□

/20

公益財団法人 **日本数学検定協会**

第2回

●この検定が実施された日時を書いてください。

日付 … 時間 …

（　）年（　）月（　）日

（　）時（　）分 ～ （　）時（　）分

2	(11)	
	(12)	

3	(13)	
	(14)	

4	(15)	こ
	(16)	（しき） （こたえ）　　　　　　　こ

5	(17)	じ　　　　ふん
	(18)	じ　　　　ふん

6	(19)	人
	(20)	人

●時間のある人はアンケートにご協力ください。あてはまるものの□をぬりつぶしてください。

算数・数学は得意ですか。	検定時間はどうでしたか。	問題の内容はどうでしたか。
はい □　いいえ □	短い □　よい □　長い □	難しい □　ふつう □　易しい □

おもしろかった問題は何番ですか。　1 ～ 6 までの中から2つまで選び，ぬりつぶしてください。

1 　 2 　 3 　 4 　 5 　 6 　　　　　　（よい例 **1**　悪い例 ✓ ）

監督官から「この検定問題は，本日開封されました」という宣言を聞きましたか。

（　はい □　　いいえ □　）

検定をしているとき，監督官はずっといましたか。

（　はい □　　いいえ □　）

27

11級 きゅう

算数検定 さんすうけんてい

実用数学技能検定®

[文部科学省後援]

第3回 〔検定時間〕40分

第3回

—— 検定上の注意 ——

1. 自分が受検する階級の問題用紙であるか確認してください。
2. 検定開始の合図があるまで問題用紙を開かないでください。
3. 解答用紙に名前・受検番号・生年月日を書いてください。
4. この表紙の右下のらんに，名前・受検番号を書いてください。
5. 答えはぜんぶ解答用紙に書いてください。
6. ものさしを使うことができます。電卓は使えません。
7. 携帯電話は電源を切り，検定中に使わないでください。
8. 検定が終わったら，この問題用紙を解答用紙といっしょに集めます。

下記の「個人情報の取扱い」についてご同意いただいたうえでご提出ください。

【このフォームでお預かりするすべての個人情報の取り扱いについて】

1. 事業者の名称　公益財団法人日本数学検定協会
2. 個人情報保護管理者の職名，所属および連絡先
   管理者職名：個人情報保護管理者
   所属部署：事務局　事務局次長　　連絡先：03-5812-8340
3. 個人情報の利用目的　受検者情報の管理，採点，本人確認のため。
4. 個人情報の第三者への提供　団体窓口経由でお申込みの場合は，検定結果を通知するために，申し込み情報，氏名，受検階級，成績を，Webでのお知らせまたはFAX，送付，電子メール添付などにより，お申し込みもとの団体様に提供します。
5. 個人情報取り扱いの委託　前項利用目的の範囲に限って個人情報を外部に委託することがあります。
6. 個人情報の開示等の請求　ご本人様はご自身の個人情報の開示等に関して，下記の当協会お問い合わせ窓口に申し出ることができます。その際，当協会はご本人様を確認させていただいたうえで，合理的な対応を期間内にいたします。

【問い合わせ窓口】
公益財団法人日本数学検定協会　検定問い合わせ係
〒110-0005 東京都台東区上野 5-1-1 文昌堂ビル 6 階
TEL：03-5812-8340　電話問い合わせ時間 月〜金 9:30-17:00
（祝日・年末年始・当協会の休業日を除く）

7. 個人情報を提供されることの任意性について
ご本人様が当協会に個人情報を提供されるかどうかは任意によるものです。ただし正しい情報をいただけない場合，適切な対応ができない場合があります。

名 前	
受検番号	－

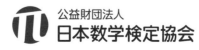

公益財団法人
日本数学検定協会

実検 11級

29

1 つぎの けいさんを しましょう。 （計算技能）

(1) 3＋3

(2) 5＋4

(3) 4－1

(4) 7－5

(5) 5＋9

(6) 11－5

(7) 40＋40

(8) 57－6

(9) 2＋8＋5

(10) 19－9＋1

2 下の えを 見て, つぎの もんだいに こたえましょう。

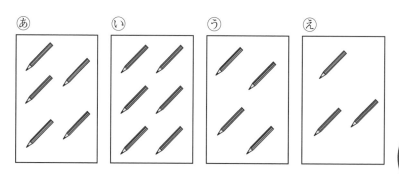

第3回

(11) かずが いちばん すくない ものは どれですか。
あから えまでの 中から 1つ えらびましょう。

(12) 右の ●の かずと おなじ かずの
ものは どれですか。あから えまでの
中から 1つ えらびましょう。

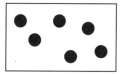

3 　つぎの　もんだいに　こたえましょう。　　　（測定技能）

(13)　水_{みず}は　どちらが　おおいですか。⒜か　⒤で
こたえましょう。

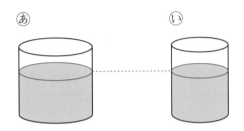

(14)　どちらが　みじかいですか。⒰か　⒠で
こたえましょう。

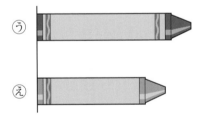

4　チョコレートケーキが　3こ，
　　ショートケーキが　5こ　あります。

つぎの　もんだいに　こたえましょう。

(15)　ケーキは　ぜんぶで　なんこ
　　あand ますか。

(16)　ショートケーキは，チョコレートケーキより　なんこ
　　おおいですか。しきと　こたえを　かきましょう。

（表現技能）

第3回

5　つぎの　もんだいに　こたえましょう。

(17)　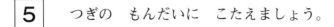の　かたちは　どの　かたちと　おなじですか。
あ，い，うの　中^{なか}から　1つ　えらびましょう。

あ　はこの　　　　い　つつの　　　　う　ボール^{ぼ　お　る}の
　　かたち　　　　　　かたち　　　　　　かたち

(18)　右^{みぎ}のように，つみ木^きを　かみの
上^{うえ}に　おいて，かたちを
うつしとります。うつしとった
かたちは　どれですか。
か，き，くの　中から　1つ
えらびましょう。

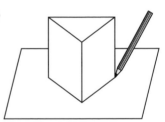

か　　　　　　　　き　　　　　　　　く

6 こうさてんに, 1, 2, 3 の うち, どれか 1まいの
カードが おいて あります。こうさてんを とおる
ときは, 下の ルールの とおりに すすみます。

```
┌─ ルール ──────────────┐
│  ● 1 …右に まがって すすむ。  │
│  ● 2 …左に まがって すすむ。  │
│  ● 3 …まっすぐ すすむ。     │
└──────────────────────┘
```

<れい>

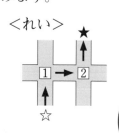

たとえば, 上の <れい>で, ☆から 出ぱつすると,
1の カードで 右に まがり, 2の カードで 左に
まがって, ★に つきます。つぎの もんだいに
こたえましょう。

（整理技能）

(19) ず1で なつきさんは, ◇から
出ぱつしました。なつきさんは,
どこに つきますか。あから
おまでの 中から 1つ
えらびましょう。

ず1

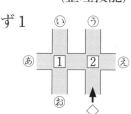

(20) ず2で あきなさんは △から
出ぱつし, ▲に つきました。
このとき, かに おいて ある
カードの すう字を
こたえましょう。

ず2

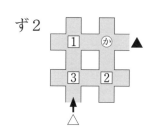

第3回

35

	(1)	
	(2)	
	(3)	
	(4)	
1	(5)	
	(6)	
	(7)	
	(8)	
	(9)	
	(10)	

●答えを直すときは、消しゴムできれいに消してください。
●答えは、解答用紙にはっきりと書いてください。

太わくの部分は必ず記入してください。

ふりがな		受検番号
姓	名	—

生年月日　大正　昭和　平成　西暦	年　月　日生

| 性別（□をぬりつぶしてください）男□　女□ | 年齢　　歳 |

| 住所 | □□□-□□□□ | /20 |

ここにバーコードシールを
はってください。

公益財団法人 **日本数学検定協会**

2	(11)	
	(12)	

3	(13)	
	(14)	

4	(15)	こ
	(16)	(しき)
		(こたえ)　　　　　　　　こ

5	(17)	
	(18)	

6	(19)	
	(20)	

●この検定が実施された日時を書いてください。

時間　：　〜（　）時（　）分　日付　：（　）年（　）月（　）日　（　）時（　）分

●時間のある人はアンケートにご協力ください。あてはまるものの□をぬりつぶしてください。

算数・数学は得意ですか。
はい □　いいえ □

検定時間はどうでしたか。
短い □　よい □　長い □

問題の内容はどうでしたか。
難しい □　ふつう □　易しい □

おもしろかった問題は何番ですか。　1 〜 6 までの中から2つまで選び，ぬりつぶしてください。

1 　 2 　 3 　 4 　 5 　 6 　　　（よい例 ■　悪い例 ☒ ）

監督官から「この検定問題は，本日開封されました」という宣言を聞きましたか。
（　はい □　いいえ □　）

検定をしているとき，監督官はずっといましたか。　　　（　はい □　いいえ □　）

11級 きゅう

算数検定
さんすうけんてい
実用数学技能検定®
[文部科学省後援]

第4回　　　　　〔検定時間〕40分

——— 検定上の注意 ———

1. 自分が受検する階級の問題用紙であるか確認してください。
2. 検定開始の合図があるまで問題用紙を開かないでください。
3. 解答用紙に名前・受検番号・生年月日を書いてください。
4. この表紙の右下のらんに，名前・受検番号を書いてください。
5. 答えはぜんぶ解答用紙に書いてください。
6. ものさしを使うことができます。電卓は使えません。
7. 携帯電話は電源を切り，検定中に使わないでください。
8. 検定が終わったら，この問題用紙を解答用紙といっしょに集めます。

名前	
受検番号	－

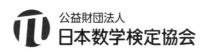

公益財団法人
日本数学検定協会

1 つぎの けいさんを しましょう。　　　　(計算技能)

(1)　2＋5

(2)　6＋2

(3)　7－1

(4)　8－4

(5)　6＋8

(6)　13－9

(7)　80－20

(8)　87－4

(9)　6－3＋1

(10)　5＋3－6

2 下の えを 見て, つぎの もんだいに こたえましょう。

(11) かずが いちばん おおい ものは どれですか。
あから えまでの 中から 1つ えらびましょう。

(12) 右の ●の かずと おなじ
かずの ものは どれですか。
あから えまでの 中から
1つ えらびましょう。

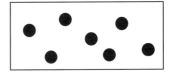

第4回

3 つぎの もんだいに こたえましょう。 （測定技能）

(13) どちらが 小さいですか。あか いで こたえましょう。

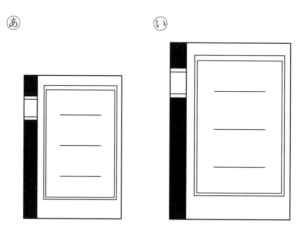

(14) 水は どちらが おおいですか。うか えで
こたえましょう。

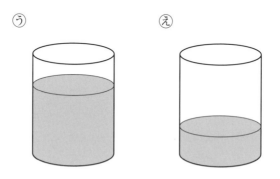

4 赤い いろがみが 9まい あります。つぎの
もんだいに こたえましょう。

(15) 青い いろがみは, 赤い いろがみより 5まい
おおいです。青い いろがみは なんまい ありますか。

(16) きいろい いろがみは, 赤い いろがみより 7まい
すくないです。きいろい いろがみは なんまい
ありますか。しきと こたえを かきましょう。

(表現技能)

第4回

5　みじかい　ぼう と，ながい　ぼう が
なん本か　あります。これを　つかって，いろいろな
かたちを　つくります。つぎの　もんだいに
こたえましょう。

(17)　右の　かたちは，ながい　ぼう を
なん本　つかいますか。

(18)　みじかい　ぼう 　3本と，ながい
ぼう 　2本が　あります。
つくれる　かたちは　どれと
どれですか。⑥から　⑨までの　中から
2つ　えらびましょう。

⑥　　　　　　い　　　　　　　う　　　　　　　え

6

ず1のように, よこに
ならぶ 3つの かずが
たしざんの しきに
なるように, たてに
ならぶ 3つの かずも
たしざんの しきに
なるように します。

よこに ならぶ かずは

 2＋4＝6

たてに ならぶ かずは

 5＋4＝9

の しきに なって います。

 つぎの もんだいに こたえましょう。 (整理技能)

ず1

```
        ┌───┐
        │ 5 │
    ┌───┼───┼───┐
    │ 2 │ 4 │ 6 │ ←2＋4＝6
    └───┼───┼───┘
        │ 9 │
        └───┘
          ↑
       5＋4＝9
```

(19) ず2の あ に あてはまる かずを
こたえましょう。

(20) ず2の い に あてはまる かずを
こたえましょう。

ず2

```
        ┌───┐
        │ い │
    ┌───┼───┼───┐
    │ 3 │ 6 │ あ │
    └───┼───┼───┘
        │10 │
        └───┘
```

第4回

	（1）	
	（2）	
	（3）	
	（4）	
1	（5）	
	（6）	
	（7）	
	（8）	
	（9）	
	（10）	

● 答えを直すときは、消しゴムできれいに消してください。
● 答えは、解答用紙にはっきりと書いてください。

太わくの部分は必ず記入してください。

ここにバーコードシールを
はってください。

ふりがな		受検番号
姓	名	―

生年月日	大正 昭和 平成 西暦	年 月 日 生

性別（□をぬりつぶしてください）男□ 女□　年齢　　歳

住所　□□□-□□□□

／20

公益財団法人 **日本数学検定協会**

● この検定が実施された日時を書いてください。

時間 ： ： （ ） 時 （ ） 分 ～ （ ） 時 （ ） 分

日付 （ ） 年 （ ） 月 （ ） 日

第4回

2	(11)	
	(12)	

3	(13)	
	(14)	

4	(15)	まい
	(16)	(しき)
		(こたえ)　　　　　　　　　　まい

5	(17)	本
	(18)	と

6	(19)	
	(20)	

● 時間のある人はアンケートにご協力ください。あてはまるものの □ をぬりつぶしてください。

算数・数学は得意ですか。	検定時間はどうでしたか。	問題の内容はどうでしたか。
はい □　　いいえ □	短い □　　よい □　　長い □	難しい □　ふつう □　易しい □

おもしろかった問題は何番ですか。　1 〜 6 までの中から2つまで選び，ぬりつぶしてください。

1　　2　　3　　4　　5　　6　　　　　　　（よい例　1　　悪い例　☒ ）

監督官から「この検定問題は，本日開封されました」という宣言を聞きましたか。

（　はい □　　いいえ □　）

検定をしているとき，監督官はずっといましたか。　　　（　はい □　　いいえ □　）

11 級
きゅう

算数検定
さんすうけんてい

実用数学技能検定®

[文部科学省後援]

── 検定上の注意 ──
けんていじょう ちゅうい

1. 自分が受検する階級の問題用紙であるか確認してください。

2. 検定開始の合図があるまで問題用紙を開かないでください。

3. 解答用紙に名前・受検番号・生年月日を書いてください。

4. この表紙の右下のらんに，名前・受検番号を書いてください。

5. 答えはぜんぶ解答用紙に書いてください。

6. ものさしを使うことができます。電卓は使えません。

7. 携帯電話は電源を切り，検定中に使わないでください。

8. 検定が終わったら，この問題用紙を解答用紙といっしょに集めます。

下記の「個人情報の取扱い」についてご同意いただいたうえでご提出ください。

【このフォームでお預かりするすべての個人情報の取り扱いについて】

1. 事業者の名称　公益財団法人日本数学検定協会

2. 個人情報保護管理者の職名，所属および連絡先
管理者職名：個人情報保護管理者
所属部署：事務局　事務局次長　　連絡先：03-5812-8340

3. 個人情報の利用目的　受検者情報の管理，採点，本人確認のため。

4. 個人情報の第三者への提供　団体窓口経由でお申込みの場合は，検定結果を通知するために，申し込み情報，氏名，受検階級，成績を，Webでのお知らせまたはFAX，送付，電子メール添付などにより，お申し込みもとの団体様に提供します。

5. 個人情報取り扱いの委託　前項利用目的の範囲に限って個人情報を外部に委託することがあります。

6. 個人情報の開示等の請求　ご本人様はご自身の個人情報の開示等に関して，下記の当協会お問い合わせ窓口に申し出ることができます。その際，当協会はご本人様を確認させていただいたうえで，合理的な対応を期間内にいたします。

【問い合わせ窓口】
公益財団法人日本数学検定協会　検定問い合わせ係
〒110-0005 東京都台東区上野 5-1-1 文昌堂ビル6階
TEL：03-5812-8340　電話問い合わせ時間 月〜金 9:30-17:00
（祝日・年末年始・当協会の休業日を除く）

7. 個人情報を提供されることの任意性について
ご本人様が当協会に個人情報を提供されるかどうかは任意によるものです。ただし正しい情報をいただけない場合，適切な対応ができない場合があります。

名 前 なまえ	
受検番号 じゅけんばんごう	―

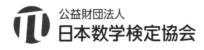

公益財団法人
日本数学検定協会

---

1 つぎの けいさんを しましょう。 （計算技能）

(1) 1＋6

(2) 7＋3

(3) 5－4

(4) 8－5

(5) 7＋6

(6) 14－6

(7) 90－50

(8) 97－4

(9) 8－3－4

(10) 5＋5－8

2 下の えを 見て, つぎの もんだいに こたえましょう。

(11) たまねぎ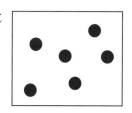の かずと なすの かずは,

どちらが おおいですか。

(12) かずが 右の ●の かずと おなじ
ものは どれですか。たまねぎ,
なす, きゅうり の 中から
1つ えらびましょう。

第5回

51

3 つぎの　もんだいに　こたえましょう。　　　　（測定技能）

(13)　どちらが　小さいですか。あか　○いで　こたえましょう。

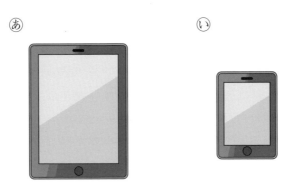

(14)　どちらが　ながいですか。うか　えで　こたえましょう。

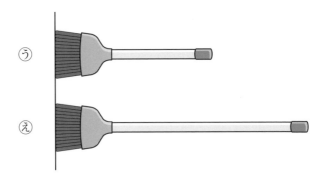

4 　バスに　大人と　子どもが　あわせて　12人　のって
います。つぎの　もんだいに　こたえましょう。

(15)　12人の　うち，子どもは　3人です。大人は
なん人ですか。しきと　こたえを　かきましょう。

（表現技能）

(16)　ていりゅうじょで　2人　おりて，5人　のって
きました。バスに　のって　いる　人は　なん人に
なりましたか。

第5回

5 つみ木を かみの 上に おいて, かみに かたちを うつしとります。つぎの もんだいに こたえましょう。

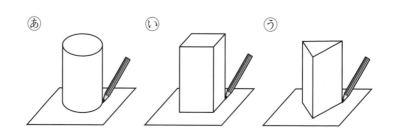

(17) ず1の かたちが うつしとれる つみ木は どれですか。⑥, ⑥, ⑥の 中から 1つ えらびましょう。

ず1

(18) ず2の かたちが うつしとれる つみ木は どれですか。⑥, ⑥, ⑥の 中から 1つ えらびましょう。

ず2

6　　なつみさんは　けいさんの　テスト_{てすと}を　3かい
うけました。なつみさんの　てんすうに　ついて，下_{した}の
ことが　わかって　います。

- ・1かいめの　てんすうは　7てんです。
- ・2かいめの　てんすうは，1かいめの
　てんすうより　3てん　たかいです。
- ・3かいめの　てんすうは，2かいめの
　てんすうより　4てん　ひくいです。

　　つぎの　もんだいに　こたえましょう。　　　　（整理技能）

(19)　3かいめの　てんすうは　なんてんですか。

(20)　3かいめの　てんすうは，1かいめの　てんすうより
　　なんてん　ひくいですか。

第5回

1	（1）	
	（2）	
	（3）	
	（4）	
	（5）	
	（6）	
	（7）	
	（8）	
	（9）	
	（10）	

●答えを直すときは、消しゴムできれいに消してください。
●答えは、解答用紙にはっきりと書いてください。

太わくの部分は必ず記入してください。

ここにバーコードシールを
はってください。

ふりがな		受検番号
姓	名	ー
生年月日 大正 昭和 平成 西暦		年　月　日 生
性 別（□をぬりつぶしてください）男□ 女□		年齢　歳
住 所	□□□-□□□□	/20

公益財団法人 **日本数学検定協会**

●この検定が実施された日時を書いてください。

日付：（　）年（　）月（　）日

時間：（　）時（　）分　〜　（　）時（　）分

2	(11)	
	(12)	

3	(13)	
	(14)	

4	(15)	（しき） （こたえ）　　　　　　　　　　　　人
	(16)	人

5	(17)	
	(18)	

6	(19)	てん
	(20)	てん

第5回

●時間のある人はアンケートにご協力ください。あてはまるものの□をぬりつぶしてください。

算数・数学は得意ですか。　　　検定時間はどうでしたか。　　　問題の内容はどうでしたか。
はい □　いいえ □　　　短い □　よい □　長い □　　　難しい □　ふつう □　易しい □

おもしろかった問題は何番ですか。 1 〜 6 までの中から2つまで選び，ぬりつぶしてください。
1　2　3　4　5　6　　　（よい例 ■　悪い例 ☒ ）

監督官から「この検定問題は，本日開封されました」という宣言を聞きましたか。
（ はい □　いいえ □ ）

検定をしているとき，監督官はずっといましたか。
（ はい □　いいえ □ ）

57

··· **Memo** ·······························

11 級

さんすうけんてい 算数検定

実用数学技能検定®

[文部科学省後援]

第6回　　　　　　　　　〔検定時間〕40分

── 検定上の注意 ──

1. 自分が受検する階級の問題用紙であるか確認してください。
2. 検定開始の合図があるまで問題用紙を開かないでください。
3. 解答用紙に名前・受検番号・生年月日を書いてください。
4. この表紙の右下のらんに，名前・受検番号を書いてください。
5. 答えはぜんぶ解答用紙に書いてください。
6. ものさしを使うことができます。電卓は使えません。
7. 携帯電話は電源を切り，検定中に使わないでください。
8. 検定が終わったら，この問題用紙を解答用紙といっしょに集めます。

下記の「個人情報の取扱い」についてご同意いただいたうえでご提出ください。

【このフォームでお預かりするすべての個人情報の取り扱いについて】

1. 事業者の名称　公益財団法人日本数学検定協会
2. 個人情報保護管理者の職名，所属および連絡先
   管理者職名：個人情報保護管理者
   所属部署：事務局　事務局次長　　連絡先：03-5812-8340
3. 個人情報の利用目的　受検者情報の管理，採点，本人確認のため。
4. 個人情報の第三者への提供　団体窓口経由でお申込みの場合は，検定結果を通知するために，申し込み情報，氏名，受検階級，成績を，Webでのお知らせまたはFAX，送付，電子メール添付などにより，お申し込みもとの団体様に提供します。
5. 個人情報取り扱いの委託　前項利用目的の範囲に限って個人情報を外部に委託することがあります。
6. 個人情報の開示等の請求　ご本人様はご自身の個人情報の開示等に関して，下記の当協会お問い合わせ窓口に申し出ることができます。その際，当協会はご本人様を確認させていただいたうえで，合理的な対応を期間内にいたします。

【問い合わせ窓口】
公益財団法人日本数学検定協会　検定問い合わせ係
〒110-0005 東京都台東区上野 5-1-1 文昌堂ビル 6 階
TEL：03-5812-8340 電話問い合わせ時間 月〜金 9:30-17:00
（祝日・年末年始・当協会の休業日を除く）

7. 個人情報を提供されることの任意性について
   ご本人様が当協会に個人情報を提供されるかどうかは任意によるものです。ただし正しい情報をいただけない場合，適切な対応ができない場合があります。

名 前	
受検番号	―

第6回

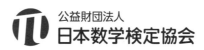

公益財団法人 日本数学検定協会

1 つぎの けいさんを しましょう。 (計算技能)

(1) 4＋2

(2) 5＋3

(3) 7－2

(4) 9－8

(5) 7＋4

(6) 12－6

(7) 80－30

(8) 76－4

(9) 5＋1＋3

(10) 13－3－9

2 　下の　えを　見て,　つぎの　もんだいに　こたえましょう。

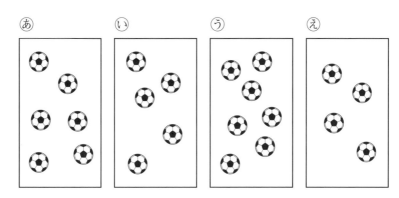

（11）　6と　おなじ　かずの　ものは　どれですか。あから
　　　　えまでの　中から　1つ　えらびましょう。

（12）　かずが　いちばん　すくない　ものは　どれですか。
　　　　あから　えまでの　中から　1つ　えらびましょう。

第6回

3 下の えを 見て, つぎの もんだいに こたえましょう。

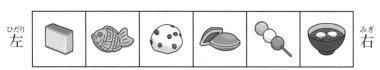

左 カステラ たいやき だいふく どらやき だんご おしるこ 右

(13) だんご の 右に ある おやつは なんですか。

(14) だいふく の 左に ある おやつは
なんこですか。

4 こうえんで 子どもが 9人 あそんで います。
つぎの もんだいに こたえましょう。

(15) ぼうしを かぶって いる 子どもは 3人です。
ぼうしを かぶって いない 子どもは なん人ですか。

(16) あとから 子どもが 5人 きました。こうえんに
いる 子どもは, ぜんぶで なん人に なりましたか。

第6回

5 つぎの もんだいに こたえましょう。

(17) 3じ50ぷんの とけいは どれですか。あ, い, うの
中から 1つ えらびましょう。

(18) かいとうようしの とけいが
7じはんに なるように ながい
はりを かきましょう。

6 ⓪, ①, ②, ③, ④, ⑤, ⑥, ⑦, ⑧, ⑨の すうじが かいて ある カードが それぞれ たくさん あります。これらの カードを つかって, 下のように, 1から 50までの かずを 1つずつ つくります。

① ② ③ ④ ⑤ ⑥ ⑦ ⑧ ⑨ ①⓪
①① ①② ①③ ①④ ①⑤ ①⑥ ①⑦ ①⑧ ①⑨ ②⓪
②① ②② ②③ ②④ ②⑤ ②⑥ ②⑦ ②⑧ ②⑨ ③⓪
⋮ ⋮ ⋮ ⋮ ⋮ ⋮ ⋮ ⋮ ⋮ ⋮

つぎの もんだいに こたえましょう。　　（整理技能）

(19) ⓪の カードは ぜんぶで なんまい つかいますか。

(20) ②の カードは ぜんぶで なんまい つかいますか。

1	(1)	
	(2)	
	(3)	
	(4)	
	(5)	
	(6)	
	(7)	
	(8)	
	(9)	
	(10)	

●答えを直すときは、消しゴムできれいに消してください。
●答えは、解答用紙にはっきりと書いてください。

太わくの部分は必ず記入してください。

ふりがな		受検番号
姓	名	―

ここにバーコードシールを
はってください。

生年月日	大正 昭和 平成 西暦	年 月 日生
性別（□をぬりつぶしてください）男□ 女□		年齢　　歳
住所	□□□-□□□□	/20

公益財団法人 **日本数学検定協会**

実用数学技能検定 **11**級

● この検定が実施された日時を書いてください。

日付：（　）年（　）月（　）日

時間：（　）時（　）分　～　（　）時（　）分

2	(11)	
	(12)	
3	(13)	
	(14)	こ
4	(15)	人
	(16)	人
5	(17)	
	(18)	
6	(19)	まい
	(20)	まい

第6回

●時間のある人はアンケートにご協力ください。あてはまるものの□をぬりつぶしてください。

算数・数学は得意ですか。 はい □　いいえ □	検定時間はどうでしたか。 短い □　よい □　長い □	問題の内容はどうでしたか。 難しい □　ふつう □　易しい □

おもしろかった問題は何番ですか。 1 ～ 6 までの中から2つまで選び，ぬりつぶしてください。

1　2　3　4　5　6　　　　　（よい例 1　悪い例 ☑ ）

監督官から「この検定問題は，本日開封されました」という宣言を聞きましたか。

（　はい □　　いいえ □　）

検定をしているとき，監督官はずっといましたか。　　　　（　はい □　　いいえ □　）

67

◉執筆協力：株式会社 シナップス
◉DTP：株式会社 千里
◉装丁デザイン：星 光信（Xing Design）
◉装丁イラスト：たじま なおと

◉編集担当：吉野 薫・阿部 加奈子

実用数学技能検定　過去問題集　算数検定11級

2021年4月30日　初　版発行
2024年10月18日　第4刷発行

編　　者	公益財団法人 日本数学検定協会
発 行 者	髙田 忍
発 行 所	公益財団法人 日本数学検定協会

〒110-0005 東京都台東区上野五丁目1番1号
FAX 03-5812-8346
https://www.su-gaku.net/

発 売 所　丸善出版株式会社
〒101-0051 東京都千代田区神田神保町二丁目17番
TEL 03-3512-3256　FAX 03-3512-3270
https://www.maruzen-publishing.co.jp/

印刷・製本　倉敷印刷株式会社

ISBN978-4-901647-98-4　C0041

算数検定

実用数学技能検定® 数検

過去問題集 11級

〈別冊〉

解答と解説

※本体からとりはずすこともできます。

公益財団法人 日本数学検定協会

1

(1) $2+4=6$　○○と　○○○○　あわせて　○○○○○○
1 2 3 4 5 6

答え　6

(2) $5+5=10$　○○○○○と　○○○○○　あわせて　○○○○○○○○○○
1 2 3 4 5 6 7 8 9 10

答え　10

(3) $6-1=5$　○○○○○◉ ⇨　のこりは　○○○○○
1　とる　　　　　　　1 2 3 4 5

答え　5

(4) $9-7=2$　○○◉◉◉◉◉◉◉ ⇨　のこりは　○○
7　とる　　　　　　　　　　1 2

答え　2

(5) $8+6=14$　　　　　6を　2と　4に　わけます。
2　4　　　　　8と　2を　たして　10
　　　　　　　10と　4を　たして　14

答え　14

(6) $13-8=5$　　　　　8を　3と　5に　わけます。
3　5　　　　　13から　3を　ひいて　10
　　　　　　　10から　5を　ひいて　5

答え　5

(7) $80-60=20$　⑩⑩⑩⑩⑩⑩⑩⑩ ⇨　のこりは　⑩⑩
⑩を　6つ　とる　　　　　　　　1 2

⑩が　2つで　20

答え　20

(8) $57 + 2 = 59$

　　50　7

57を　50と　7に　わけます。

7と　2を　たして　9

50と　9を　たして　59

答え　59

(9) まえから　じゅんに　けいさんします。

$9 + 1 + 5$　❶$9 + 1 = 10$

❷$10 + 5 = 15$

$9 + 1 + 5 = 15$

答え　15

(10) まえから　じゅんに　けいさんします。

$8 - 4 - 3$　❶$8 - 4 = 4$

❷$4 - 3 = 1$

$8 - 4 - 3 = 1$

答え　1

2

それぞれの　かずを，せんを　つけながら　かぞえます。

(11) トマトは　6こ，にんじんは　5本です。　かずが　すくない　ものは
にんじんです。

答え　にんじん

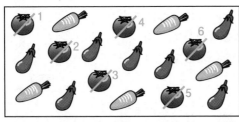

トマト　6こ

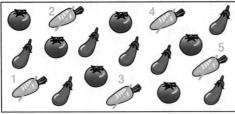

にんじん　5本

⑿ トマトは 6こ，にんじんは 5本，なすは 7本です。 かずが
いちばん おおい ものは なすです。

答え　なす

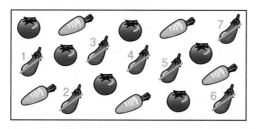

なす 7本

③

⒀ ⓘの むきを かえると あてはまります。

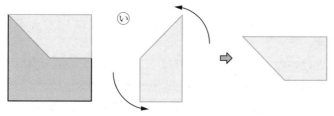

答え　ⓘ

⒁ ⓚの むきを かえると あてはまります。

答え　ⓚ

④

⒂ おねえさんは さきえさんより 5さい 年上なので たしざんを
つかいます。

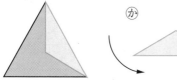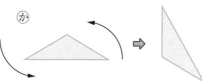

答え　12さい

第1回　5

⒃　さきえさんは　おねえさんより　5さい　年下なので，ひきざんを
つかいます。

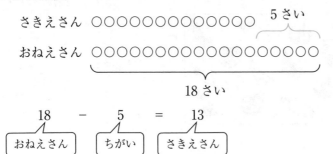

さきえさん　○○○○○○○○○○○○○　5さい
おねえさん　○○○○○○○○○○○○○○○○○○
18さい

18　－　5　＝　13
おねえさん　　ちがい　　さきえさん

答え　　13さい

5

とけいの　みじかい　はりは　「なんじ」，ながい　はりは　「なんぷん」を
あらわして　います。

⒄　たくやさんの　とけいの　みじかい　はりは　7と　8の　あいだに
あるので，たくやさんが　ついたのは　8じより　まえです。
　　ひろとさんの　とけいの　ながい　はりは　12を　さして　います。
みじかい　はりは　8を　さして　いるので　ぴったり　8じです。
　　あつしさんの　とけいの　みじかい　はりは　8と　9の　あいだに
あるので，あつしさんが　ついたのは　8じを　すぎて　います。
　　いちばん　はやく　ついたのは　たくやさんです。　　答え　　たくやさん

別の解き方

　　それぞれの　とけいを　よみます。
たくやさん

みじかい　はりが　7と　8の
あいだです。小さい　ほうの
かずを　よむので　7じです。
ながい　はりは　11から
1つ先の　めもりを　さして
いるので　56ぷんです。
7じ56ぷんです。

ひろとさん

ながい　はりが　12を　さして
いるので　ぴったり　なんじです。
みじかい　はりが　8を　さして
いるので　8じです。

あつしさん

みじかい　はりが　8と　9の
あいだです。小さい　ほうの
かずを　よむので　8じです。
ながい　はりは　1から
3つ先の　目もりを　さして
いるので　8ぷんです。
8じ8ぷんです。

　いちばん　はやく　ついたのは　たくやさんです。

⒅　ながい　はりが　さす　めもりは　ぜんぶで　60こです。
40ぷん　なので，ながい　はりは　とけいの　8を　さします。

答え

ながい　はりが　さす　めもりは　ぜんぶで　60こです。
ながい　はりの　1めもりは　1ぷんです。

6

⒆　1しゅうかんは　7日です。㋐は　8日の　1しゅうかん　まえなので，
8から　7を　ひきます。

8－7＝1

答え　1

別の解き方

カレンダーの　5日より　まえの　日にちを　じゅんばんに　かいて　かんがえます。

日	月	火	水	木	金	土
		1	2	3	4	5
6	7	8				

⑳ ⓘは，8日の 1しゅうかん あとの 日の つぎの 日です。

8日の 1しゅうかん あとなので，7を たします。

  8 + 7 = 15

15日の つぎの 日は 16日です。 答え　16

別の解き方1

ⓘは 8日の つぎの 日の 1しゅうかん あとです。

8日の つぎの 日は 9日です。ⓘは 9日の 1しゅうかん

あとなので，7を たします。

  9 + 7 = 16

別の解き方2

カレンダーの 8日より あとの 日にちを じゅんばんに かいて

かんがえます。

日	月	火	水	木	金	土
		1	2	5	4	5
6	7	8	9	10	11	12
13	14	15	16			

1

(1) $3+5=8$　○○○と　○○○○○　あわせて　○○○○○○○○
　　　　　　　　　　　　　　　　　　　　　　　1 2 3 4 5 6 7 8

答え　8

(2) $2+7=9$　○○と　○○○○○○○　あわせて　○○○○○○○○○
　　　　　　　　　　　　　　　　　　　　　　　　1 2 3 4 5 6 7 8 9

答え　9

(3) $6-4=2$　○○○○○○ ⇨ のこりは　○○
　　　　　　　4　とる　　　　　　　　　　　1 2

答え　2

(4) $9-3=6$　○○○○○○○○○ ⇨ のこりは　○○○○○
　　　　　　　　3　とる　　　　　　　　　　1 2 3 4 5 6

答え　6

(5) $4+8=12$　　　　8を　6と　2に　わけます。
　　　　∧　　　　　　4と　6を　たして　10
　　　6　2　　　　10と　2を　たして　12

答え　12

(6) $15-7=8$　　　　7を　5と　2に　わけます。
　　　　∧　　　　　15から　5を　ひいて　10
　　　5　2　　　　10から　2を　ひいて　8

答え　8

(7) $10+50=60$　⑩と　⑩⑩⑩⑩⑩　あわせて　⑩⑩⑩⑩⑩⑩
　　　　　　　　　　　　　　　　　　　　　　1 2 3 4 5 6
　　　　　　　　　　　　　　　　　　⑩が　6つで　60

答え　60

(8) $87 - 3 = 84$ 　　　　　87を　80と　7に　わけます。

　　　　　　　　　　　　　　　7から　3を　ひいて　4

　　　　　　　　　　　　　　　80と　4を　たして　84　　　　　答え　84

(9) まえから　じゅんに　けいさんします。

　　$4 + 6 - 2$　　❶$4 + 6 = 10$

　　　　　　　　　❷$10 - 2 = 8$

　　$4 + 6 - 2 = 8$　　　　　　　　　　　　　　　　答え　8

(10) まえから　じゅんに　けいさんします。

　　$2 + 3 + 5$　　❶$2 + 3 = 5$

　　　　　　　　　❷$5 + 5 = 10$

　　$2 + 3 + 5 = 10$　　　　　　　　　　　　　　　答え　10

2

(11) それぞれの　かずを，せんを　つけながら　かぞえます。

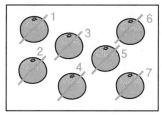　　　　　　　

　　　あは　7こ　　　　　　　　　　　いは　6こ

かずが　おおい　ものは　あです。

　　　　　　　　　　　　　　　　　　　　　　　　　答え　あ

(12)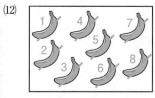

　バナナは　8本　　　　7こ　　　　　　8こ　　　　　　9こ

バナナと　おなじ　かずの　ものは　きです。

　　　　　　　　　　　　　　　　　　　　　　　　　答え　き

(13) あが あてはまります。

答え　あ

(14) ⑤が あてはまります。

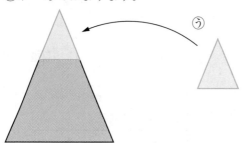

答え　⑤

4

(15) 「あわせた かず」なので，たしざんを つかいます。

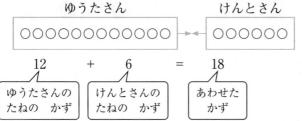

ゆうたさん		けんとさん

12	＋	6	＝	18
ゆうたさんの たねの かず		けんとさんの たねの かず		あわせた かず

答え　18こ

(16) 「ちがいの かず」なので，ひきざんを つかいます。

ちがいの　かず

12	－	6	＝	6
ゆうたさんの たねの かず		けんとさんの たねの かず		ちがいの かず

しき　　12−6＝6

答え　6こ

5

とけいの　みじかい　はりは　「なんじ」，ながい　はりは　「なんぷん」を
あらわして　います。

(17)

みじかい　はりが　9と　10の
あいだです。小さい　ほうの　かずを
よむので　9じです。
ながい　はりは　2を　さして　いるので
10ぷんです。
9じ10ぷんです。

答え　　9じ10ぷん

ながい　はりが　さす　めもりは　ぜんぶで　60こです。
ながい　はりの　1めもりは　1ぷんです。

---

(18)

みじかい　はりが　6と　7の
あいだです。小さい　ほうの　かずを
よむので　6じです。
ながい　はりは　7の　3つ先の
めもりを　さして　いるので　38ぷんです。
6じ38ぷんです。

答え　　6じ38ぷん

6

⒆ 男の子と　男の子の　あいだに　女の子を　1人ずつ　入れます。

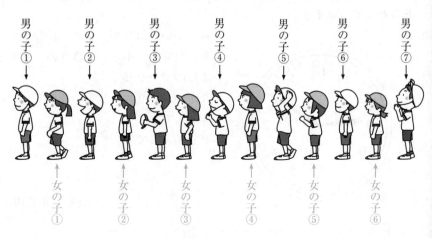

男の子①　男の子②　男の子③　男の子④　男の子⑤　男の子⑥　男の子⑦

女の子①　女の子②　女の子③　女の子④　女の子⑤　女の子⑥

「あわせた　かず」なので，たしざんを　つかいます。

男の子は　7人

女の子は　6人

　7＋6＝13

答え　　13人

⑳ まえから　5人めの　子どもより　うしろに　ならんでいる　女の子の
かずを　かぞえます。

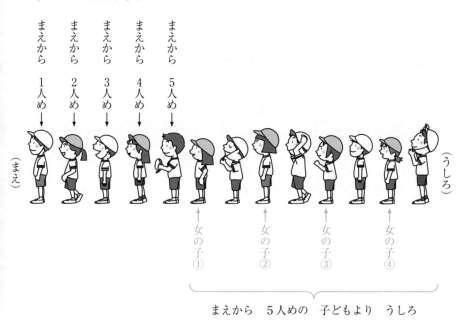

まえから 1人め　まえから 2人め　まえから 3人め　まえから 4人め　まえから 5人め

（まえ）　　　　　　　　　　　　　　　　　　　　　　　　（うしろ）

女の子①　　女の子②　　女の子③　　女の子④

まえから　5人めの　子どもより　うしろ

答え　4人

1

(1) $3+3=6$　○○○と　○○○　あわせて　○○○○○○
　　　　　　　　　　　　　　　　　　　1 2 3 4 5 6

答え　6

(2) $5+4=9$　○○○○○と　○○○○　あわせて　○○○○○○○○○
　　　　　　　　　　　　　　　　　　　　　　1 2 3 4 5 6 7 8 9

答え　9

(3) $4-1=3$　○○○○　⇨　のこりは　○○○
　　　　　　　　1　とる　　　　　　　1 2 3

答え　3

(4) $7-5=2$　○○○○○○○　⇨　のこりは　○○
　　　　　　　　5　とる　　　　　　　　　　1 2

答え　2

(5) $5+9=14$　　　　　9を　5と　4に　わけます。
　　　5　4　　　　　　5と　5を　たして　10
　　　　　　　　　　　10と　4を　たして　14

答え　14

(6) $11-5=6$　　　　　5を　1と　4に　わけます。
　　　1　4　　　　　11から　1を　ひいて　10
　　　　　　　　　　10から　4を　ひいて　6

答え　6

(7) $40+40=80$　⑩⑩⑩⑩　と　⑩⑩⑩⑩　あわせて　⑩⑩⑩⑩⑩⑩⑩⑩
　　　　　　　　　　　　　　　　　　　　　　　　1 2 3 4 5 6 7 8
　　　　　　　　　　　　　　　　　　　　　　⑩が　8つで　80

答え　80

(8) $57 - 6 = 51$　　　　　57を　50と　7に　わけます。

50　7　　　　　　　7から　6を　ひいて　1

　　　　　　　　　　　50と　1を　たして　51　　　　　答え　51

(9) まえから　じゅんに　けいさんします。

$2 + 8 + 5$　❶$2 + 8 = 10$

　　　　　　❷$10 + 5 = 15$

$2 + 8 + 5 = 15$　　　　　　　　　　　　　　答え　15

(10) まえから　じゅんに　けいさんします。

$19 - 9 + 1$　❶$19 - 9 = 10$

　　　　　　❷$10 + 1 = 11$

$19 - 9 + 1 = 11$　　　　　　　　　　　　　答え　11

2

それぞれの　かずを，せんを　つけながら　かぞえます。

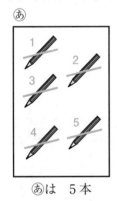

　あは　5本　　　　いは　6本　　　　うは　4本　　　　えは　3本

(11) かずが　いちばん　すくない　ものは　えです。　　　答え　え

(12)

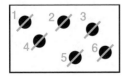

6と　おなじ　かずの　ものは　いです。　　　　　　　答え　い

3

(13) 水の たかさが おなじときは，入れものの そこの ひろさで
くらべます。

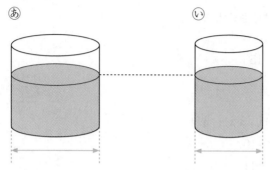

入れものの そこの ひろさが ひろい ⒜の ほうが，水が おおく
入って います。

(14) ながさを くらべます。

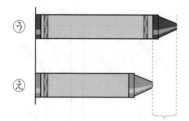

⒠の ほうが ⌒の ぶんだけ みじかいです。

4

(15) 「あわせた　かず」なので，たしざんを　つかいます。

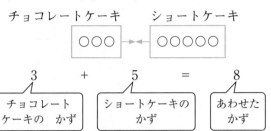

チョコレートケーキ　　ショートケーキ

$$3 + 5 = 8$$

チョコレート
ケーキの　かず　　ショートケーキの
かず　　あわせた
かず

答え　　8こ

(16) 「ちがいの　かず」なので，ひきざんを　つかいます。

チョコレートケーキ　○○○
ショートケーキ　　　　○○○○○

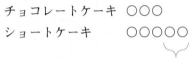

ちがいの　かず

$$5 - 3 = 2$$

ショートケーキの
かず　　チョコレート
ケーキの　かず　　ちがいの
かず

しき　　5－3＝2
答え　　2こ

5

(17)

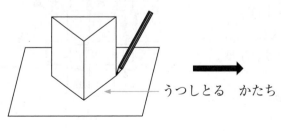

の　かたちは　ま上から　見た　かたちが　まる，よこから　見た
かたちが　しかくで，つつの　かたちを　しています。　　　答え　　○い

(18) うつしとる　かたちは，つみ木を　ま上から　見た　かたちと　おなじです。

うつしとる　かたち

答え　　○き

6

(19) ルールの とおりに すすみます。
◇を 出ぱつして, 2 の カードで
左に まがって すすみます。

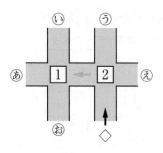

2 の カードで 右に まがって
すすむので, いに つきます。

答え　い

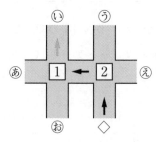

(20) ルールの とおりに すすみます。
△を 出ぱつして, 3 の カードで
まっすぐ すすみ, 1 の カードで
右に まがって すすみます。

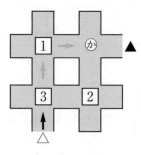

かの こうさてんを まっすぐ
すすむと, ▲に つきます。
　まっすぐ すすむ カードは,
3 です。かの こうさてんに
おいて ある カードの すう字は
3 です。

答え　3

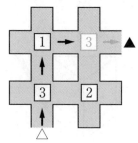

1

(1) $2+5=7$　　○○と　　○○○○○　　あわせて　　○○○○○○○
　　　　　　　　　　　　　　　　　　　　　　　　　1 2 3 4 5 6 7

　　　　　　　　　　　　　　　　　　　　　　　　　答え　　7

(2) $6+2=8$　　○○○○○○と　　○○　　あわせて　　○○○○○○○○
　　　　　　　　　　　　　　　　　　　　　　　　　　　1 2 3 4 5 6 7 8

　　　　　　　　　　　　　　　　　　　　　　　　　答え　　8

(3) $7-1=6$　　○○○○○○◉　➡　のこりは　　○○○○○○
　　　　　　　　　　　　　　1　とる　　　　　　1 2 3 4 5 6

　　　　　　　　　　　　　　　　　　　　　　　　　答え　　6

(4) $8-4=4$　　○○○○◉◉◉◉　➡　のこりは　　○○○○
　　　　　　　　　　　　4　とる　　　　　　　　1 2 3 4

　　　　　　　　　　　　　　　　　　　　　　　　　答え　　4

(5) $6+8=14$　　　　　　　8を　4と　4に　わけます。
　　　〳＼　　　　　　　6と　4を　たして　10
　　　4　4　　　　　　10と　4を　たして　14

　　　　　　　　　　　　　　　　　　　　　　　　　答え　　14

(6) $13-9=4$　　　　　　　9を　3と　6に　わけます。
　　　〳＼　　　　　　　13から　3を　ひいて　10
　　　3　6　　　　　　10から　6を　ひいて　4

　　　　　　　　　　　　　　　　　　　　　　　　　答え　　4

(7) $80-20=60$　⑩⑩⑩⑩⑩⑩⑩⑩　➡　のこりは　⑩⑩⑩⑩⑩⑩
　　　　　　　　　⑩を　2つ　とる　　　　　1 2 3 4 5 6
　　　　　　　　　　　　　　　　　　　⑩が　6つで　60

　　　　　　　　　　　　　　　　　　　　　　　　　答え　　60

(8)　87−4＝83　　　　　87を　80と　7に　わけます。

80　7　　　　　　　7から　4を　ひいて　3

　　　　　　　　　　80と　3を　たして　83

答え　83

(9)　まえから　じゅんに　けいさんします。

　　　6−3＋1　　❶6−3＝3

　　　　①　　　　　❷3＋1＝4

　　　　　②

　　　6−3＋1＝4

答え　4

(10)　まえから　じゅんに　けいさんします。

　　　5＋3−6　　❶5＋3＝8

　　　　①　　　　　❷8−6＝2

　　　　　②

　　　5＋3−6＝2

答え　2

2

　　それぞれの　かずを，せんを　つけながら　かぞえます。

　　　あ　　　　　　　　い　　　　　　　　う　　　　　　　　え

　　あは　6だい　　　いは　7だい　　　うは　5だい　　　えは　8だい

(11)　かずが　いちばん　おおい　ものは　えです。

答え　え

(12)

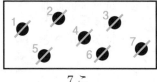

　　　　　　　7こ

　　7と　おなじ　かずの　ものは　いです。

答え　い

3

⒀ かさねると 大きさの ちがいが わかります。

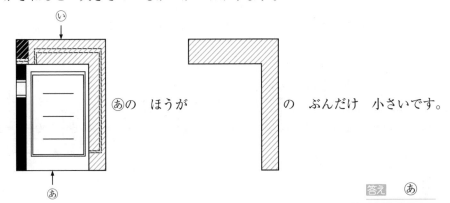

あの ほうが ◻ の ぶんだけ 小さいです。

答え　あ

⒁ おなじ 大きさの 入れものに 入って いる 水の かさを くらべる
ときは，水の たかさを 見ます。

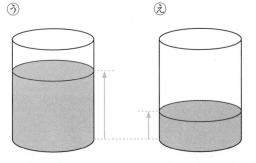

うの ほうが，水が おおく 入って います。

答え　う

4

⒂ 「おおい かず」なので，たしざんを つかいます。

赤い いろがみ ○○○○○○○○○　おおい かず

青い いろがみ ○○○○○○○○○○○○○○

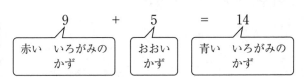

答え　14まい

⒃ 「すくない　かず」なので，ひきざんを　つかいます。

赤い　いろがみ　　　○○○○○○○○○

きいろい　いろがみ　　○○　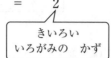　すくない　かず

　　−　　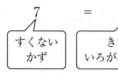　　=　　2

| 赤い　いろがみの　かず | すくない　かず | きいろい　いろがみの　かず |

しき　　9−7＝2

答え　　2まい

5

⒄ 　ながい　ぼうの　かずは　2本です。

答え　　2本

⒅ みじかい　ぼうと　ながい　ぼうの　かずを　かぞえます。

　あ　　　みじかい　ぼうを　1本，
ながい　ぼうを　2本　つかうので，
つくれます。

い　　　　ながい　ぼうを　3本　つかうので，
つくれません。

　う　　　みじかい　ぼうを　4本　つかうので，
つくれません。

　え　　　みじかい　ぼうを　2本，
ながい　ぼうを　2本　つかうので，
つくれます。

答え　あ　と　え

6

⑲ よこに ならぶ 3つの かずが たしざんの しきに なります。あに
あてはまる かずは，3と 6を たした かずです。

$$3+6=9$$

あは 9 です。

⑳ たてに ならぶ 3つの かずが たしざんの しきに なります。いと
6を たすと 10に なって いるので，いに あてはまる かずは，
10から 6を ひいた かずです。

$$10-6=4$$

いは 4 です。

1

(1) $1+6=7$　○と　○○○○○○　あわせて　○○○○○○○
1 2 3 4 5 6 7

答え　7

(2) $7+3=10$　○○○○○○○と　○○○　あわせて　○○○○○○○○○○
1 2 3 4 5 6 7 8 9 10

答え　10

(3) $5-4=1$　○○○○○　➡　のこりは　○
4　とる　1

答え　1

(4) $8-5=3$　○○○○○○○○　➡　のこりは　○○○
5　とる　1 2 3

答え　3

(5) $7+6=13$
3　3
6を　3と　3に　わけます。
7と　3を　たして　10
10と　3を　たして　13

答え　13

(6) $14-6=8$
4　2
6を　4と　2に　わけます。
14から　4を　ひいて　10
10から　2を　ひいて　8

答え　8

(7) $90-50=40$　⑩⑩⑩⑩⑩⑩⑩⑩⑩　➡　のこりは　⑩⑩⑩⑩
⑩を　5つ　とる　1 2 3 4

⑩が　4つで　40

答え　40

(8) $97 - 4 = 93$

97を 90と 7に わけます。
7から 4を ひいて 3
90と 3を たして 93

答え 93

(9) まえから じゅんに けいさんします。

$8 - 3 - 4$
❶ $8 - 3 = 5$
❷ $5 - 4 = 1$

$8 - 3 - 4 = 1$

答え 1

(10) まえから じゅんに けいさんします。

$5 + 5 - 8$
❶ $5 + 5 = 10$
❷ $10 - 8 = 2$

$5 + 5 - 8 = 2$

答え 2

2

それぞれの かずを, せんを つけながら かぞえます。

(11) たまねぎは 7こ, なすは 4本です。かずが おおいのは
たまねぎです。

答え たまねぎ

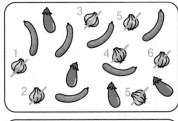

たまねぎは 7こ

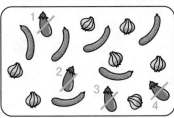

なすは 4本

(12)

きゅうりは　6本

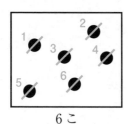

6こ

6と　おなじ　かずの　ものは　きゅうりです。

答え　きゅうり

3

(13) かさねると　大きさの　ちがいが　わかります。

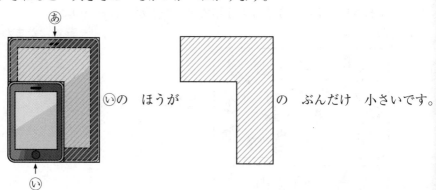

ⓘの　ほうが　　　　　　　　　　の　ぶんだけ　小さいです。

答え　ⓘ

⑭ ながさを くらべます。

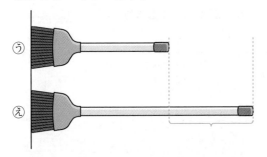

⑤ ⑥ ⑦ ⑧ ⑨ ⑩ ⑪ ⑫ ⑬

ⓔの ほうが ⌣の ぶんだけ ながいです。　答え　ⓔ

4

⒂ バスに のって いる 人の かずから，子どもの かずを ひきます。

バスに のって いる
人の かず

○○○○○○○○○○○○

子どもの　　大人の
かず　　　　かず

12　　　－　　　3　　　＝　　　9

バスに のって
いる 人の かず　　子どもの
かず　　　大人の
かず

しき　　12－3＝9
答え　　9人

⒃ 「のこりの　かず」なので，おりた　人の　かずを　ひいて，「ふえた
　かず」なので，のって　きた　人の　かずを　たします。

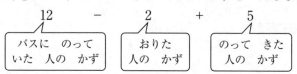

　まえから　じゅんに　けいさんします。

12－2＋5

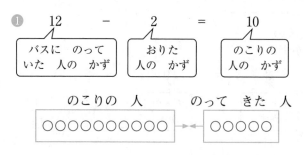

① 12　－　2　＝　10

バスに　のって
いた　人の　かず　／　おりた
人の　かず　／　のこりの
人の　かず

のこりの　人　　のって　きた　人

○○○○○○○○○○ → ← ○○○○○

② 10　＋　5　＝　15

のこりの
人の　かず　／　のって　きた
人の　かず　／　バスに　のって
いる　人の　かず

12－2＋5＝15

答え　　15人

5

うつしとる　かたちは，つみ木を　ま上から　見た　かたちと　おなじです。

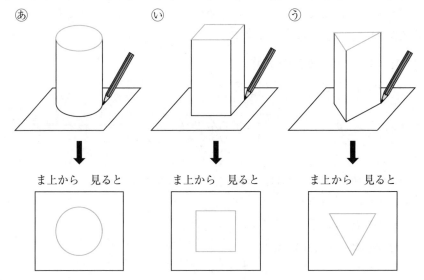

(17)　ま上から　見た　かたちが，ず1の　○で　ある　ものは　ⓐです。

答え　　ⓐ

(18)　ま上から　見た　かたちが，ず2の　▽で　ある　ものは　ⓒです。

答え　　ⓒ

(19) 2かいめと　3かいめの　てんすうを　じゅんに　けいさんします。
2かいめの　てんすうは，1かいめの　てんすうより　3てん
たかいので，たしざんを　します。

1かいめ　　○○○○○○○
2かいめ　　○○○○○○○○○○

3てん

$7 + 3 = 10$

3かいめの　てんすうは，2かいめの　てんすうより　4てん
ひくいので，ひきざんを　します。

2かいめ　　○○○○○○○○○○
3かいめ　　○○○○○○

4てん

$10 - 4 = 6$

答え　　6てん

(20) 1かいめの　てんすうは　7てん，3かいめの　てんすうは
6てんです。「すくない　かず」なので　ひきざんを　つかいます。

1かいめ　　○○○○○○○
3かいめ　　○○○○○○

ちがい

$7 - 6 = 1$

答え　　1てん

1

(1) 4＋2＝6　○○○○と　○○　あわせて　○○○○○○
1 2 3 4 5 6

答え　6

(2) 5＋3＝8　○○○○○と　○○○　あわせて　○○○○○○○○
1 2 3 4 5 6 7 8

答え　8

(3) 7－2＝5　○○○○○○○　➡　のこりは　○○○○○
2　とる　　　　　　　　　　　　　1 2 3 4 5

答え　5

(4) 9－8＝1　○○○○○○○○○　➡　のこりは　○
8　とる　　　　　　　　　　　　　　　　　　1

答え　1

(5) 7＋4＝11　　　　　4を　3と　1に　わけます。
 ╱＼　　　　　　7と　3を　たして　10
 3　1　　　　　10と　1を　たして　11

答え　11

(6) 12－6＝6　　　　6を　2と　4に　わけます。
 ╱＼　　　　　　12から　2を　ひいて　10
 2　4　　　　　10から　4を　ひいて　6

答え　6

(7) 80－30＝50　⑩⑩⑩⑩⑩⑩⑩⑩　➡　のこりは　⑩⑩⑩⑩⑩
⑩を　3つ　とる　　　　　　　　　1 2 3 4 5
　　　　　　　　　　　　　　⑩が　5つで　50

答え　50

(8) $76 - 4 = 72$

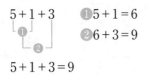

76を 70と 6に わけます。
6から 4を ひいて 2
70と 2を たして 72

答え　72

(9) まえから じゅんに けいさんします。

$5 + 1 + 3$　❶$5 + 1 = 6$
❷$6 + 3 = 9$

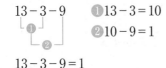

$5 + 1 + 3 = 9$

答え　9

(10) まえから じゅんに けいさんします。

$13 - 3 - 9$　❶$13 - 3 = 10$
❷$10 - 9 = 1$

$13 - 3 - 9 = 1$

答え　1

2

それぞれの かずを, せんを つけながら かぞえます。

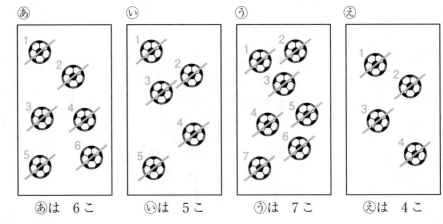

あ　い　う　え

あは　6こ　　いは　5こ　　うは　7こ　　えは　4こ

(11) かずが 6この ものは あです。

答え　あ

(12) かずが いちばん すくない ものは えです。

答え　え

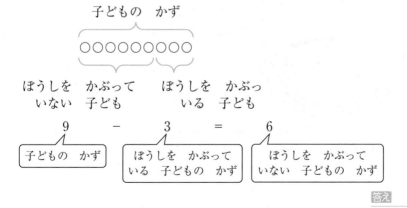

3

(13) だんごの 右に ある おやつを こたえます。

左 　カステラ　たいやき　だいふく　どらやき　だんご　おしるこ 　右

だんごの 右に ある おやつは おしるこです。

答え　おしるこ

(14) だいふくの 左に ある おやつの かずを かぞえます。

左 　カステラ　たいやき　だいふく　どらやき　だんご　おしるこ 　右

だいふくの 左に ある おやつは, たいやきと カステラの 2こです。

答え　2こ

4

(15) 子どもの かずから, ぼうしを かぶって いる 子どもの かずを
ひきます。

子どもの　かず

〇〇〇〇〇〇〇〇〇〇

ぼうしを かぶって　　ぼうしを かぶっ
いない 子ども　　　　いる 子ども

9　　　－　　　3　　　＝　　　6

子どもの かず　　ぼうしを かぶって　　ぼうしを かぶって
　　　　　　　　　いる 子どもの かず　　いない 子どもの かず

答え　6人

⒃ 「ふえた　かず」なので，たしざんを　つかいます。こうえんに　いた
　　子どもの　かずに，あとから　きた　子どもの　かずを　たします。

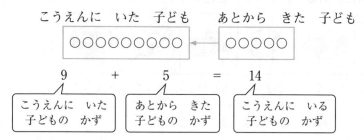

こうえんに　いた　子ども　　　あとから　きた　子ども

| 9 | + | 5 | = | 14 |

こうえんに　いた　子どもの　かず

あとから　きた　子どもの　かず

こうえんに　いる　子どもの　かず

答え　　14人

5

　　とけいの　みじかい　はりは　「なんじ」，ながい　はりは　「なんぷん」を
あらわして　います。

⒄　50ぷんだから　ながい　はりは　10を　さします。みじかい　はりは　2と
　　3の　あいだに　あります。えらぶ　とけいは　⑤です。　　答え　　⑤

別の解き方

　　それぞれの　とけいを　よみます。

⑧

みじかい　はりが　3と　4の
あいだです。小さい　ほうの　かずを
よむので　3じです。ながい　はりは
5を　さして　いるので　25ふんです。
3じ25ふんです。

ⓘ

みじかい　はりが　2と　3の
あいだです。小さい　ほうの　かずを
よむので　2じです。ながい　はりは
10を　さして　いるので　50ぷんです。
2じ50ぷんです。

ⓤ

みじかい　はりが　3と　4の
あいだです。小さい　ほうの　かずを
よむので　3じです。ながい　はりは
10を　さして　いるので　50ぷんです。
3じ50ぷんです。
3じ50ぷんの　とけいは　ⓤです。

みじかい　はりが　かずと　かずの　あいだを
さす　ときは，小さい　ほうの　かずを　よみます。

ながい　はりが　さす　めもりは　ぜんぶで　60こです。
ながい　はりの　1めもりは　1ぷんです。

⒅ 「7じはん」は　7じ30ぷんの　ことなので，ながい　はりを　6を
さすように　かきます。

答え

6　　1から　50までの　かずを　1つずつ　つくると，下のように　なります。

| 1 | 2 | 3 | 4 | 5 | 6 | 7 | 8 | 9 | 1 0 |

| 1 1 | 1 2 | 1 3 | 1 4 | 1 5 | 1 6 | 1 7 | 1 8 | 1 9 | 2 0 |

| 2 1 | 2 2 | 2 3 | 2 4 | 2 5 | 2 6 | 2 7 | 2 8 | 2 9 | 3 0 |

| 3 1 | 3 2 | 3 3 | 3 4 | 3 5 | 3 6 | 3 7 | 3 8 | 3 9 | 4 0 |

| 4 1 | 4 2 | 4 3 | 4 4 | 4 5 | 4 6 | 4 7 | 4 8 | 4 9 | 5 0 |

⒆　1から　50までの　かずで，0が　つく　かずは，下の　5こです。
　　10，20，30，40，50
　　0の　カードは　ぜんぶで　5まい　つかいます。　　　　　答え　　5まい

⒇　1から　50までの　かずで，2が　つく　かずは，下の　14こです。
　　2，12，20
　　21，22，23，24，25，26，27，28，29
　　32，42
22は，2を　2まい　つかうので，2の　カードは　ぜんぶで　15まい
つかいます。　　　　　　　　　　　　　　　　　　答え　　15まい

実用数学技能検定® 数検

過去問題集 11級

模範解答

1	(1)	6
	(2)	10
	(3)	5
	(4)	2
	(5)	14
	(6)	5
	(7)	20
	(8)	59
	(9)	15
	(10)	1

ここにバーコードシールを
はってください。

太わくの部分は必ず記入してください。

ふりがな		受検番号
姓	名	―

生年月日　大正　昭和　平成　西暦　　年　月　日生

性別（□をぬりつぶしてください）男□　女□　年齢　　歳

住所　□□□-□□□□

／20

公益財団法人 日本数学検定協会

40

2	(11)	にんじん
	(12)	なす
3	(13)	ⓘ
	(14)	ⓚ
4	(15)	12　　　（さい）
	(16)	13　　　（さい）
5	(17)	たくや　　　（さん）
	(18)	
6	(19)	1
	(20)	16

1	(1)	8
	(2)	9
	(3)	2
	(4)	6
	(5)	12
	(6)	8
	(7)	60
	(8)	84
	(9)	8
	(10)	10

ここにバーコードシールを
はってください。

太わくの部分は必ず記入してください。

ふりがな		じゅけんばんごう 受検番号
姓	名	―

せいねんがっぴ 生年月日	大正 昭和 平成 西暦	年 月 日生

性別（□をぬりつぶしてください）男□ 女□　年齢　　歳

住所　□□□-□□□□

　/20

公益財団法人 日本数学検定協会

2	(11)	あ
	(12)	き
3	(13)	あ
	(14)	う
4	(15)	18　　　　　（こ）
	(16)	（しき） 12 − 6 = 6 （こたえ）　　　6　　　（こ）
5	(17)	9　（じ）　10　（ふん）
	(18)	6　（じ）　38　（ふん）
6	(19)	13　　　　　（人）
	(20)	4　　　　　（人）

算数検定 解答 第 3 回 11級

1	(1)	6
	(2)	9
	(3)	3
	(4)	2
	(5)	14
	(6)	6
	(7)	80
	(8)	51
	(9)	15
	(10)	11

太わくの部分は必ず記入してください。

ここにバーコードシールを
はってください。

ふりがな		受検番号
姓	名	—

生年月日	大正 昭和 平成 西暦	年 月 日生

性別（□をぬりつぶしてください）男□ 女□　年齢　　歳

住所 □□□-□□□□

/20

公益財団法人 **日本数学検定協会**

2	(11)	ⓔ
	(12)	ⓘ
3	(13)	ⓐ
	(14)	ⓔ
4	(15)	8　　　　　　（こ）
	(16)	（しき） $5 - 3 = 2$ （こたえ）　　　2　　　　　（こ）
5	(17)	ⓘ
	(18)	ⓚ
6	(19)	ⓘ
	(20)	3

1	(1)	7
	(2)	8
	(3)	6
	(4)	4
	(5)	14
	(6)	4
	(7)	60
	(8)	83
	(9)	4
	(10)	2

太わくの部分は必ず記入してください。

ふりがな		受検番号
姓	名	―

生年月日　大正　昭和　平成　西暦	年　月　日生

性別（□をぬりつぶしてください）男□　女□　年齢　　歳

□□□-□□□□

住所

／20

公益財団法人 **日本数学検定協会**

2	(11)	え
	(12)	い
3	(13)	あ
	(14)	う
4	(15)	14　　　（まい）
	(16)	（しき） 9 − 7 = 2 （こたえ）　　2　　　（まい）
5	(17)	2　　　　（本）
	(18)	あ　と　え
6	(19)	9
	(20)	4

1		
	(1)	7
	(2)	10
	(3)	1
	(4)	3
	(5)	13
	(6)	8
	(7)	40
	(8)	93
	(9)	1
	(10)	2

ここにバーコードシールを
はってください。

太わくの部分は必ず記入してください。

ふりがな		受検番号
姓	名	―

生年月日　大正　昭和　平成　西暦　　年　月　日生

性別（□をぬりつぶしてください）男□　女□　　年齢　　歳

住所　□□□-□□□□

/20

2	(11)	たまねぎ
	(12)	きゅうり
3	(13)	ⓘ
	(14)	ⓔ
4	(15)	(しき) $12 - 3 = 9$ (こたえ)　　　9　　　(人)
	(16)	15　　　(人)
5	(17)	ⓐ
	(18)	ⓤ
6	(19)	6　　　(てん)
	(20)	1　　　(てん)

1	(1)	6
	(2)	8
	(3)	5
	(4)	1
	(5)	11
	(6)	6
	(7)	50
	(8)	72
	(9)	9
	(10)	1

ここにバーコードシールを
はってください。

太わくの部分は必ず記入してください。

ふりがな			受検番号
姓	名		—

生年月日　大正　昭和　平成　西暦　　年　月　日生

性別（□をぬりつぶしてください）男□　女□　　年齢　　歳

住所　□□□-□□□□

/20

公益財団法人 日本数学検定協会

2	(11)	あ	
	(12)	え	
3	(13)	おしるこ	
	(14)	2	(こ)
4	(15)	6	(人)
	(16)	14	(人)
5	(17)	う	
	(18)		
6	(19)	5	(まい)
	(20)	15	(まい)

算数検定